河南省清洁取暖系列技术导则

河南省既有公共建筑能效提升技术导则

（试行）

河南省住房和城乡建设厅

2018 年 5 月

图书在版编目(CIP)数据

河南省既有公共建筑能效提升技术导则:试行/河南省建筑科学研究院有限公司主编.—郑州:黄河水利出版社,2018.6

(河南省清洁取暖系列技术导则)

ISBN 978 - 7 - 5509 - 2069 - 9

Ⅰ.①河… Ⅱ.①河… Ⅲ.①公共建筑 - 采暖 - 节能 - 技术规范 - 河南 Ⅳ.①TU242 - 65

中国版本图书馆 CIP 数据核字(2018)第 141355 号

出　版　社:黄河水利出版社
　　　　　地址:河南省郑州市顺河路黄委会综合楼 14 层　邮政编码:450003
发行单位:黄河水利出版社
　　　　　发行部电话:0371 - 66026940、66020550、66028024、66022620(传真)
　　　　　E-mail:hhslcbs@126.com
承印单位:河南瑞之光印刷股份有限公司
开本:850 mm×1 168 mm　1/32
印张:1.25
字数:32 千字　　　　　　　　　印数:1—2 000
版次:2018 年 6 月第 1 版　　　　印次:2018 年 6 月第 1 次印刷

定价:15.00 元

河南省住房和城乡建设厅文件

豫建〔2018〕74号

河南省住房和城乡建设厅关于发布
《河南省既有公共建筑能效
提升技术导则(试行)》的通知

各省辖市、省直管县(市)住房和城乡建设局(委),郑州航空港经济综合实验区市政建设环保局,有关单位:

为贯彻落实中央和省委、省政府加快推进冬季清洁取暖的决策部署,科学引导和规范我省清洁取暖建筑能效提升,有效指导清洁取暖城市试点工作,统筹城市与农村,兼顾增量与存量,从"热源侧"和"用户侧"实施清洁取暖,通过提高"用户侧"建筑能效,降低采暖能耗,减少采暖成本,实现热源"清洁供、节约用",实现清洁取暖"用得上、用得起、用得好",形成持续清洁取暖模式。我厅组织专业团队,深入调查研究,借鉴先进经验,总结实践做法,结合我省实际,编制了河南省清洁取暖建筑能效提升系列技术导则(试行),现将《河南省既有公共建筑能效提升技术导则(试行)》(电子版可在河南省住房城乡建设厅网站下载,网址为 http://

www.hnjs.gov.cn)予以印发,请在工作中参照执行。

附件:《河南省既有公共建筑能效提升技术导则(试行)》

河南省住房和城乡建设厅
2018 年 5 月 14 日

前　言

为贯彻落实冬季清洁取暖决策部署,科学引导我省冬季清洁取暖项目建设,规范指导清洁取暖城市试点建筑能效提升工作,省住房和城乡建设厅组织河南省建筑科学研究院有限公司等单位,在深入调研、借鉴经验、总结实践的基础上,结合我省实际,编制了《河南省既有农房能效提升技术导则(试行)》《河南省城镇既有居住建筑能效提升技术导则(试行)》《河南省既有公共建筑能效提升技术导则(试行)》《河南省新建农房能效提升技术导则(试行)》《河南省清洁能源替代散煤供暖技术导则(试行)》等河南省清洁取暖系列技术导则;通过统筹城市与农村,兼顾增量与存量,提高建筑能效,降低采暖能耗,减少采暖成本,实现热源“清洁供、节约用”,形成“居民可承受”的持续清洁取暖模式。

既有公共建筑节能潜力巨大,实施建筑能效提升势在必行。为积极推进我省冬季清洁取暖工作,加快实施“用户侧”建筑能效提升,我们编写了《河南省既有公共建筑能效提升技术导则(试行)》,用于指导我省清洁取暖试点城市的既有公共建筑能效提升,鼓励其他城市的既有公共建筑参照执行。

本导则共11章3个附表,主要内容是:总则、术语、基本规定、节能诊断、围护结构热工性能改造、供暖通风与空气调节系统改造、供配电与照明系统改造、供水系统改造、监测与控制系统改造、可再生能源利用、工程验收评估。通过提出围护结构、供暖通风与空气调节系统、供配电与照明系统、供水系统、监测与控制系统、可再生能源利用等能效提升方案,指导我省既有公共建筑工程节能改造。

本技术导则技术内容由河南省建筑科学研究院有限公司负责

解释。在执行过程中若有意见和建议，请及时反馈至河南省建筑科学研究院有限公司(地址：郑州市金水区丰乐路 4 号，邮编：450053，电话：0371 – 63943958，邮箱：jzynsbs@163.com)。

主编单位：河南省建筑科学研究院有限公司
参编单位：住房和城乡建设部科技与产业化发展中心
河南省城乡规划设计研究总院有限公司
河南省建筑工程质量检验测试中心站有限公司
河南省绿建科技与产业化发展中心
参编人员：杜永恒　梁传志　唐　丽　鲁性旭　于飞宇
常建国　刘幼农　朱有志　王　斌　李兆森
邵丽军　王　娜　郭东晓　焦　震　杨贵永
李　冰　刘寅平　刘曙辉　王党飞　楚新欣
魏振华　吴　靓　李　杰　刘鸿超　郭　猛
李发新　宋朝帅　孙旭灿　付梦菲　刘利卫

目 录

1 总 则

1.0.1 为贯彻落实国家有关建筑节能的法律、法规和方针政策，推进我省清洁取暖工作，实现既有公共建筑能效提升，制定本导则。

1.0.2 本导则适用于我省清洁取暖试点城市的既有公共建筑能效提升。其他城市的既有公共建筑能效提升可参照执行。

1.0.3 既有公共建筑能效提升除应符合本导则的规定外，尚应符合国家现行有关标准的规定。

2 术 语

2.0.1 既有公共建筑

已建成的供人们进行各种公共活动的建筑。

2.0.2 既有公共建筑能效提升

对既有公共建筑围护结构、用能设备和系统进行节能改造,降低建筑能耗、提升建筑能效水平的活动,简称"能效提升"。

2.0.3 用能设备(系统)

在建筑物内通过消耗电、燃气、燃油、水、城镇集中供热(蒸汽、热水)等资源而达到建筑使用功能的设备(系统)。

2.0.4 清洁取暖

利用天然气、电、地热能、太阳能、工业余热、清洁化燃煤、核能等清洁化能源,通过高效用能系统实现低排放、低能耗的取暖方式,包含以降低污染物排放和能源消耗为目标的取暖全过程,涉及清洁热源、高效输配管网(热网)、节能建筑(热用户)等环节。

2.0.5 节能诊断

依据国家及我省有关标准,对既有公共建筑围护结构、用能设备和系统进行调查、分析及计算,给出建筑物耗热量指标或基准期能耗的过程。

2.0.6 清洁取暖试点城市

为加快推进北方地区清洁取暖工作,从"热源侧"清洁化和"用户侧"建筑能效提升两方面开展清洁取暖试点改造,并通过财政部、住房和城乡建设部、生态环境部、国家能源局四部门组织的竞争性评审,获得中央财政奖补资金的城市。

2.0.7 项目边界

实施能效提升改造措施所影响的建筑或各用能设备(系统)的范围和地理位置界线。

2.0.8 基准期

能效提升改造措施实施前的时间段。

2.0.9 核定期

能效提升改造措施实施后的时间段。

2.0.10 基准期能耗

基准期内,项目边界内建筑或各用能设备(系统)的能源消耗量,单位:kgce。

2.0.11 核定期能耗

核定期内,项目边界内建筑或各用能设备(系统)的能源消耗量,单位:kgce。

2.0.12 节能量

能效提升改造措施实施后,项目边界内建筑或各用能设备(系统)的能源消耗减少的量,单位:kgce。

2.0.13 节水量

节水改造措施实施后,项目边界内建筑用水消耗减少的数量,单位:m^3。

2.0.14 能效提升水平(e_n)

节能量与基准期能耗的比值,也称"节能率",单位:%。

2.0.15 节水率(e_s)

节水量与改造项目边界内基准期用水量的比值,单位:%。

根据《公共建筑节能改造节能量核定导则》计算方法,北方地区可将节水率1.72%折算为节能率1%。

2.0.16 综合能效提升水平(e)

改造项目综合能耗节约量与基准期综合能耗(含用能、用水等)的比值,也称"综合节能率",单位:%。

2.0.17 账单分析法

通过收集计量表的表计数据,分析建筑节能改造前后项目边界内建筑或各用能设备(系统)的能耗以核定节能量的节能效果评价方法。

2.0.18 测量计算法

通过测量能效提升项目改造前后建筑或各用能设备(系统)与能耗相关的关键参数,计算能效提升项目改造前后项目边界内建筑或各用能设备(系统)的能耗来核定节能量的节能效果评价方法。

3 基本规定

3.0.1 应根据节能诊断结果,从技术可靠性、可操作性和经济性等方面进行综合分析,选取合理可行的能效提升方案和技术措施,综合能效提升水平(e)不应低于30%。

3.0.2 能效提升应在不影响原有建筑结构安全、抗震性能、防火性能的前提下进行。

3.0.3 能效提升应符合现行行业标准《公共建筑节能改造技术规范》JGJ 176要求。

3.0.4 保温材料的燃烧性能、外墙和屋面防火隔离带等保温系统的防火构造设计应符合现行国家标准《建筑设计防火规范》GB 50016和行业标准《建筑外墙外保温防火隔离带技术规程》JGJ 289等的规定。

3.0.5 所用材料和产品应符合设计要求,其性能应符合现行国家有关标准的要求,严禁使用禁止和淘汰的材料和产品。

3.0.6 能效提升优先采用合同能源管理方式。

3.0.7 物业管理应建立清洁取暖相关档案,便于项目后期跟踪、评估与管理。

4 节能诊断

4.0.1 能效提升实施前,应进行节能诊断。

4.0.2 既有公共建筑能效提升现场调查表应按照附表 A 填写相应的内容。

4.0.3 节能诊断后应出具节能诊断报告,报告应包含下列内容:

    1 工程概况;

    2 现状调研;

    3 节能诊断结果。

5 围护结构热工性能改造

5.1 一般规定

5.1.1 应根据节能诊断情况确定能效提升方案,对建筑物耗热量指标影响大、改造工程量小的部位优先进行改造。

5.1.2 节能改造方案应确定改造部位的材料、厚度及热工性能参数,并提供改造部位的构造措施和节点做法。

5.1.3 能效提升宜与供暖通风与空气调节系统、供配电与照明系统、供水系统、监测与控制系统等改造内容同步实施。

5.1.4 能效提升工程施工前应编制专项施工方案,并按方案施工。

5.1.5 能效提升工程施工前应按照相关规定做好安全防护。

5.1.6 围护结构热工性能改造施工质量应符合现行国家标准《建筑节能工程施工质量验收规范》GB 50411 的要求。

5.2 外 墙

5.2.1 外墙节能改造应采用符合相关标准规定的保温系统和技术措施,并应优先选用外墙外保温系统。

5.2.2 外墙外保温系统节能改造应满足现行行业标准《外墙外保温工程技术规程》JGJ 144 的要求。

5.2.3 外墙外保温系统和组成材料的性能应符合现行国家有关标准的规定。

5.2.4 采用外墙外保温系统时,施工前应检查墙体表面质量并做好以下工作:

1 清除墙面上的起鼓、开裂砂浆;修复原围护结构裂缝、渗漏,填补密实墙面的缺损、孔洞,修复损坏的砌体材料;修复冻害、析盐、侵蚀所产生的损坏;

2 清洗原围护结构表面油污及污染部分,采用聚合物砂浆修复不平的表面。

5.2.5 采用外墙外保温系统时,应做好屋檐、门窗洞口的滴水等构造节点的设计和施工,避免雨水沿外墙顺流,侵蚀破坏外墙外保温系统。

当没有地下室时,勒脚部位保温层应延伸至散水以下 500 mm,并做好保护措施,避免雨水侵蚀建筑基础和保温层。

5.2.6 施工前应制作样板墙,验收合格后方可大面积施工。

5.3 外门窗

5.3.1 外门窗节能改造需综合考虑安全、节能、隔声、通风、采光等性能要求。改造后门窗整体性能应符合相关标准的要求。

5.3.2 外门窗节能改造应优先选择塑料、断热铝合金、铝塑复合、木塑复合等门窗框型材。

5.3.3 对外窗进行节能改造时可根据具体情况确定,可选用下列措施:

1 整窗拆除,更换为中空玻璃窗或三玻两腔中空玻璃窗等节能窗;

2 在窗台空间允许的情况下,在原有外窗的基础上增设一层新窗;

3 在原有玻璃上贴膜或镀膜。

5.3.4 更换新窗时,窗框与墙体之间的缝隙应采用高效保温材料封堵密实,并用耐候密封胶嵌缝。

5.3.5 对外窗进行遮阳改造时,应优先采用外遮阳措施。增设外遮阳设施时,应确保结构的安全性。

5.3.6 对外门进行改造时,可选用下列措施:

    1 设门斗或热空气幕;

    2 门框等缝隙部位设置耐久性和弹性好的密封条;

    3 在满足安全疏散条件下,设置闭门装置,或设置旋转门、电子感应式自动门等。

5.3.7 建筑外门、外窗的气密性等级应符合现行国家标准《建筑外门窗气密、水密、抗风压性能分级及检测方法》GB/T 7106 的规定,并应满足下列要求:

    1 10 层及以上建筑外窗的气密性等级不应低于 7 级;

    2 10 层以下建筑外窗的气密性等级不应低于 6 级;

    3 外门的气密性等级不应低于 4 级。

5.3.8 玻璃采光顶可采用增设遮阳、贴膜等措施进行改造。

5.4 屋 面

5.4.1 屋面保温改造宜在原有屋面上进行,不宜改动原构造层。

5.4.2 平屋面表面平整、无渗漏,宜优先采用倒置式屋面,并符合现行行业标准《倒置式屋面工程技术规程》JGJ 230 的规定;如屋面渗漏,应修复后施工。

    上人屋面临空处防护栏杆高度应符合相关标准的规定。

5.4.3 坡屋面可在屋顶吊顶上铺设轻质保温材料;无吊顶时,可在坡屋面下增加或加厚保温层或增加吊顶,并在吊顶上铺设保温材料。保温材料的燃烧性能应满足现行国家标准《建筑内部装修设计防火规范》GB 50222 的要求。

5.4.4 屋面节能改造除应符合上述规定外,尚应符合现行国家标准《屋面工程技术规程》GB 50345 的规定。

6 供暖通风与空气调节系统改造

6.1 一般规定

6.1.1 对公共建筑的冷热源系统、输配系统、末端系统进行改造时,各系统的配置应互相匹配。

6.1.2 供暖通风与空气调节系统综合节能改造后应能实现供冷、供热量的计量和主要用电设备的分项计量。

6.1.3 供暖通风与空气调节系统节能改造后应具备按实际需冷、需热量进行调节的功能。

6.1.4 改造后,供暖与空调系统应具备室温调控功能。

6.1.5 供暖通风与空气调节系统的节能改造施工质量应符合现行国家标准《建筑节能工程施工质量验收规范》GB 50411 和《通风与空调工程施工质量验收规范》GB 50243 的要求。

6.2 冷热源

6.2.1 冷热源系统节能改造时,首先应充分挖掘现有设备的节能潜力,并应在现有设备不能满足需求时,再予以更换。

6.2.2 冷热源进行节能改造时,应在原有供暖通风与空气调节系统的基础上,根据改造后建筑的规模、使用特征,结合建筑机房、管道井、能源供应等条件综合确定冷热源的改造方案。

6.2.3 更换后的冷热源设备性能应符合现行地方标准《河南省公共建筑节能设计标准》DBJ41/T 075 的规定。

6.3 输配系统

6.3.1 原有输配系统的水泵、风机更换后,风机的单位风量耗功率(W_s)、循环水泵的耗电输冷(热)比 $EC(H)R$ 和采用的变频、变速节能技术应符合现行地方标准《河南省公共建筑节能设计标准》DBJ41/T 075 的相关规定。

6.3.2 对于全空气空调系统,当各空调区域的冷、热负荷差异和变化大、低负荷运行时间长,且需要分别控制各空调区温度时,经技术论证可行,宜通过增设风机变速控制装置,将定风量系统改造为变风量系统。

6.3.3 当原有输配系统的水泵规格过大或冷、热负荷随季节或使用情况变化较大时,宜增设水泵变频控制装置或更换为变频水泵。

6.3.4 对于系统较大、阻力较高、各环路负荷特性或压力损失相差较大的一级泵系统,在确保具有较大的节能潜力和经济性的前提下,可将其改造为二级泵系统,二级泵应采用变流量的控制方式。

6.3.5 空调冷、热管道的绝热材料的确定,应按照现行国家标准《设备及管道绝热设计导则》GB/T 8175 中的规定执行。

6.4 末端系统

6.4.1 对于全空气空调系统,有条件时宜按实现全新风和可调新风比的运行方式进行设计。新风量的控制和工况转换,宜采用新风和回风的焓值控制方法。

6.4.2 过渡季节或供暖季局部房间需要供冷时,宜优先采用直接利用室外空气进行降温的方式。

6.4.3 当进行新风、排风系统的改造时,应对可回收能量进行分析,合理设置排风热回收装置。排风热回收装置应满足下列要求:

1 排风量与新风量比值(R)宜在 0.75 ~ 1.33 以内;

2 排风热回收装置的交换效率(在标准规定的装置性能测试工况下，$R = 1$)应符合表6.4.3的规定。

表6.4.3 排风热回收装置的交换效率

类型	交换效率(%)	
	制冷	制热
焓效率	>50	>55
温度效率	>60	>65

6.4.4 对于餐厅、会议室等人员密度较大且人员数量变化较大的区域空调通风系统的改造，应根据区域的使用特点，选择合适的系统形式和运行方式。

6.4.5 原有系统分区不合理时，应对空调系统重新进行分区设置。

7 供配电与照明系统改造

7.1 一般规定

7.1.1 供配电与照明系统的节能改造设计宜结合系统主要设备的更新换代和建筑物的功能升级进行。

7.1.2 供配电与照明系统的节能改造应在满足用电安全、功能要求和节能需要的前提下进行,并应采用高效节能的产品和技术。

7.1.3 供配电与照明系统的节能改造施工质量应符合现行国家标准《建筑节能工程施工质量验收规范》GB 50411 和《建筑电气工程施工质量验收规范》GB 50303 的要求。

7.2 供配电系统

7.2.1 当供配电系统改造需要改变用电负荷时,应重新对配电容量、敷设电缆、配电线路保护和保护电器的选择性配合等参数进行核算。

7.2.2 供配电系统改造的线路宜利用原有路由进行敷设。当现场条件不允许或原有路由不合理时,应按照系统合理、方便施工的原则重新敷设。

7.2.3 未设置用电分项计量的系统应根据变压器、配电回路原设置情况,合理设置分项计量监测系统。分项计量电度表宜具有远传功能。

7.2.4 无功补偿宜采用自动补偿的方式运行,补偿后仍达不到要求时,宜更换补偿设备。

7.2.5 采用太阳能光伏发电系统时,应根据当地太阳辐照参数和建筑的负载特性,确定太阳能光伏发电系统的总功率,并应依据所设计系统的电压、电流要求,确定太阳能光伏电板的数量。

7.2.6 在既有公共建筑上增设或改造已安装的光伏发电系统,必须进行建筑物和电气系统的安全复核,符合建筑结构及电气系统的安全性要求。

7.3 照明系统

7.3.1 照明系统节能改造时,应选用高效节能光源,并配用电子镇流器或节能型电感镇流器。

7.3.2 照明系统改造时应充分利用自然光来减少照明负荷。

7.3.3 当公共区域照明采用就地控制方式时,应设置声控或延时等感应功能;当公共区域照明采用集中监控系统时,宜根据照度自动控制照明。

7.3.4 照明系统节能改造宜满足节能控制的需要,其照明配电回路应配合节能控制的要求分区、分回路设置。

8 供水系统改造

8.1 一般规定

8.1.1 供水系统的改造应满足现有标准对水质及防污染措施的要求。

8.1.2 供水系统改造应符合现行国家标准《建筑给水排水及采暖工程施工质量验收规范》GB 50242 的规定。

8.1.3 供水系统的改造应结合系统主要设备的更新换代和建筑物的功能升级进行。

8.2 给水系统

8.2.1 给水系统改造应优先考虑节水器具和设备的更新、非传统水源的利用、管网漏损的改善、用水计量装置的设置、用水监控措施等。

8.2.2 给水系统改造时应注意以下事项：

    1 应充分考虑施工过程中对未改造区域使用功能的影响；

    2 改造后的系统安全性应符合现行有关标准的规定；

    3 改造时各系统的配置应相互匹配。

8.3 生活热水系统

8.3.1 集中生活热水供应系统的热源应优先采用工业余热、废热和冷凝热；有条件时，应利用太阳能、地热能、空气能等，同时可各种热源的组合使用。

8.3.2 热水制备系统的节能改造应结合运行记录，进行全年热水负荷的分析和计算,充分挖掘现有设备的节能潜力,确定节能改造方案。

8.3.3 热水供应系统节能改造后宜具备按实际需热量进行调节的功能,满足不同季节灵活使用的要求。

9 监测与控制系统改造

9.1 一般规定

9.1.1 对建筑内的设备和系统进行监视、控制、测量时,应做到运行安全、可靠、节省人力。

9.1.2 监测与控制系统应实时采集数据,对设备的运行情况进行记录,且应具有历史数据保存功能。

9.1.3 监测与控制系统改造应遵循下列原则:

　　1 应根据控制对象的特性,合理设置控制策略;

　　2 宜在原控制系统平台上增加或修改监控功能;

　　3 当需要与其他控制系统连接时,应采用标准、开放接口;

　　4 当采用数字控制系统时,宜将变配电、智能照明等机电设备的监测纳入该系统中;

　　5 涉及修改冷水机组、水泵、风机等用电设备运行参数时,应做好保护措施;

　　6 改造应满足管理的需求。

9.1.4 计量装置的安装和调试应符合相关技术规范。

9.2 供暖通风与空气调节系统

9.2.1 改造后的集中供暖与空气调节系统监测与控制应符合现行地方标准《河南省公共建筑节能设计标准》DBJ41/T 075 的规定。

9.2.2 冷热源监控系统宜对冷冻水、冷却水进行变流量控制,并应具备联锁保护功能。

9.2.3 公共场合的风机盘管温控器宜联网控制。

9.3 供配电与照明系统

9.3.1 供配电系统电压、电流、有功功率、功率因数等监测参数宜通过数据网关和监测与控制系统集成,满足用电分项计量的要求。

9.3.2 低压配电系统电压、电流、有功功率、功率因数等监测参数宜通过数据网关和监测与控制系统集成,满足用电分项计量的要求。

9.3.3 照明系统的监测与控制宜具有下列功能:

  1 分组照明控制;

  2 经济技术合理时,宜采用办公区域的照明调节控制;

  3 照明系统与遮阳系统的联动控制;

  4 走道、门厅、楼梯的照明控制;

  5 洗手间的照明控制与感应控制;

  6 泛光照明的控制;

  7 停车场照明控制。

9.4 供水系统

9.4.1 宜对供水系统进行变流量控制,并应具备联锁保护功能。

9.4.2 生活热水供应监控系统应具备下列功能:

  1 热水出口压力、温度、流量显示;

  2 运行状态显示;

  3 顺序启停控制;

  4 安全保护信号显示;

  5 设备故障信号显示;

  6 能耗量统计记录;

  7 热交换器按设定出水温度自动控制进汽或进水量;

  8 热交换器进汽或进水阀与热水循环泵联锁控制。

10 可再生能源利用

10.1 一般规定

10.1.1 对于既有公共建筑能效提升,有条件的应优先利用可再生能源。

10.2 地源热泵系统

10.2.1 冷热源改造为地源热泵系统前,应对建筑物所在地的工程场地及浅层地热能资源状况进行勘察,并应从技术可行性、可实施性和经济性等方面进行综合分析,确定是否采用地源热泵系统。

10.2.2 建筑物有生活热水需求时,地源热泵系统宜采用热泵热回收技术提供或预热生活热水。

10.2.3 地源热泵系统相关工程应符合现行国家标准《地源热泵系统工程技术规范》GB 50366 的规定。

10.2.4 当地源热泵系统地埋管换热器的出水温度、地下水或地表水的温度满足末端进水温度需求时,应设置直接利用的管路和装置。

10.3 太阳能利用

10.3.1 能效提升方案采用的太阳能利用系统形式,应根据所在地的气候、太阳能资源、建筑物类型、使用功能、业主要求、投资规模及安装条件等因素综合确定。

10.3.2 在既有公共建筑上增设或改造的太阳能热水系统,应符合现行国家标准《民用建筑太阳能热水系统应用技术规范》GB

50364 的规定。

10.3.3 采用太阳能光伏发电系统时,应符合现行行业标准《民用建筑太阳能光伏系统应用技术规范》JGJ 203 的规定。

11　工程验收评估

11.1　一般规定

11.1.1　能效提升工程的质量验收应符合现行国家标准《建筑节能工程施工质量验收规范》GB 50411 的规定。

11.1.2　质量验收资料应包含与能效提升相关的主要材料、设备构件的质量证明文件、进场检验记录、进场核查记录、进场复验报告、施工质量验收记录、项目隐蔽工程验收记录等。

11.2　型式检查

11.2.1　质量验收后,应对能效提升工程的改造实施情况、改造项目运行及使用情况进行型式检查。

11.2.2　能效提升工程应做到手续齐全,资料完整。型式检查应包括以下主要内容:

　　1　能效提升方案及相应的设计文件;

　　2　能效提升工程竣工验收报告;

　　3　实施量核查,见附表 B;

　　4　其他相关文件和资料。

11.2.3　型式检查后,应出具型式检查报告。

11.3　效果评估

11.3.1　型式检查后,应对能效提升工程进行效果评估。

11.3.2　效果评估应按照现行行业标准《公共建筑节能改造技术规范》JGJ 176 和《公共建筑节能改造节能量核定导则》的相关规

定执行。

11.3.3 效果评估的基准期和核定期应符合以下规定：

    1 基准期和核定期一般以 1 年为一个单位长度；

    2 基准期和核定期时间长度至少应包含用能设备(系统)或建筑的 1 个完整循环运行工况；

    3 基准期和核定期的时间长度应保持一致。

11.3.4 效果评估可采用账单分析法、测量计算法和校准化模拟法，优先采用账单分析法。

11.3.5 建筑或改造设备(系统)采用账单分析法时，应确保在节能改造前后具备至少 1 个完整循环运行工况下的计量账单数据，计量账单数据应完整准确。

11.3.6 当出现下列情况之一，确实无法采取账单分析法进行节能量核定时，可采用测量计算法：

    1 由于相关原因，无法获得节能改造前后至少 1 个完整循环运行工况下的计量账单数据；

    2 对某一设备(系统)进行改造需要核定节能量，该设备(系统)与其他设备(系统)没有分开计量。

11.3.7 采用测量计算法应符合以下规定：

    1 应对影响设备或系统运行能耗的关键参数进行检测，检测方法应符合现行行业标准《公共建筑节能检测标准》JGJ/T 177 和《采暖通风与空气调节工程检测技术规程》JGJ/T 260 的规定，并依据测量计算的要求对其节能量进行核定；

    2 改造设备与系统应在改造前后在相近的运行工况下采用同样的检测方法分别进行性能检测；

    3 关键参数的检测应由具备检测资质的第三方机构承担。

11.3.8 对采用不同能源种类的能效提升改造项目进行能效评估时，能源计量单位应统一采用标准煤。常用能耗折算系数应符合本导则附表 C 的规定。

11.4 综合能效提升水平的计算

11.4.1 能效提升工程的节能量应按下式进行计算：

$$E = E'_b - E_r \qquad (11.4.1-1)$$

$$E'_b = E_b \cdot C \qquad (11.4.1-2)$$

式中 E——节能量(kgce)；

　　E'_b——修正后的基准期能耗(kgce)；

　　E_r——核定期能耗(kgce)；

　　E_b——基准期能耗(kgce)；

　　C——能耗修正系数。

11.4.2 能效提升工程的能效提升水平应按下式计算：

$$e_n = \frac{E}{E'_b} \times 100\% \qquad (11.4.2)$$

式中 e_n——能效提升水平(%)。

11.4.3 能效提升工程的综合能效提升水平应按下式计算：

$$e = e_n + e_s \times K_w \qquad (11.4.3)$$

式中 e——综合能效提升水平(%)；

　　e_s——节水率；

　　K_w——节水率按照等价值法折算成节能率的折算系数，为 1/1.72。

11.5 能耗修正

11.5.1 公共建筑的能耗修正应根据建筑类型修正非节能改造措施引起的总能耗变化，保证建筑在基准期和核定期的运行条件基本一致。

11.5.2 当建筑主要能耗影响因素变化超过5%时，可进行能耗修正。确实由于能耗修正而产生额外节能率的改造项目，修正产生的综合节能率不能超过2%。

11.5.3 办公建筑能耗修正系数可按以下公式计算：

$$C_O = \gamma_1 \cdot \gamma_2 \qquad (11.5.3-1)$$

$$\gamma_1 = 0.3 + 0.7 \frac{H_r}{H_b} \qquad (11.5.3-2)$$

$$\gamma_2 = 0.7 + 0.3 \frac{S_b}{S_r} \qquad (11.5.3-3)$$

式中 C_O——办公建筑能耗修正系数；

     γ_1——办公建筑使用时间修正系数；

     γ_2——办公建筑人员密度修正系数；

     H_b——基准期办公建筑年实际使用时间(h/a)；

     H_r——核定期办公建筑年实际使用时间(h/a)；

     S_b——基准期实际人均建筑面积，为建筑面积与基准期实际使用人员数的比值(m^2/人)；

     S_r——核定期实际人均建筑面积，为建筑面积与核定期实际使用人员数的比值(m^2/人)。

11.5.4 旅馆(店)建筑能耗修正系数可按以下公式计算：

$$C_h = \theta_1 \cdot \theta_2 \qquad (11.5.4-1)$$

$$\theta_1 = 0.4 + 0.6 \frac{H_r}{H_b} \qquad (11.5.4-2)$$

$$\theta_2 = 0.5 + 0.5 \frac{R_b}{R_r} \qquad (11.5.4-3)$$

式中 C_h——旅馆(店)建筑能耗修正系数；

     θ_1——入住率修正系数；

     θ_2——客房区面积比例修正系数；

     H_b——基准期旅馆(店)建筑年实际入住率；

     H_r——核定期旅馆(店)建筑年实际入住率；

     R_b——基准期实际客房区面积占总建筑面积的比例；

     R_r——核定期实际客房区面积占总建筑面积的比例。

11.5.5 商店建筑能耗修正系数应按以下公式计算：

$$C_c = \delta \qquad\qquad (11.5.5 - 1)$$

$$\delta = 0.3 + 0.7\frac{T_r}{T_b} \qquad\qquad (11.5.5 - 2)$$

式中　C_c——商店建筑能耗修正系数；

δ——商店建筑使用时间修正系数；

T_b——基准期商店建筑年实际使用时间（h/a）；

T_r——核定期商店建筑年实际使用时间（h/a）。

附表 A 既有公共建筑能效提升现场调查表

项目名称		项目地址		投入使用时间	
建筑面积 （m²）		项目单位		联系人/联系方式	

结构形式：木结构□　　砌体结构□　　剪力墙结构□　　框架结构□　　框剪结构□
　　　　　框筒结构□　　钢结构□

节能情况：未执行节能标准□
　　　　执行《河南省公共建筑节能设计标准实施细则》DBJ41/075－2006□
　　　　执行《河南省公共建筑节能设计标准》DBJ41/075－2016□

是否已建立公建能耗监测平台：是□　　否□

外围护结构现状：

外墙	1.基层墙体材料：　　　　　　　　　　2.基层墙体材料厚度（mm）： 3.保温层材料：　　　　　　　　　　　4.保温层材料厚度（mm）：
外窗	1.选用型材及玻璃：　　　　　　　　2.开启方式：　平开□　推拉□
外门	单层木门□　双层木门□　单层铝门□　双层铝门□　塑钢门□　金属门□ 其他（请注明）：_____
屋面	1.平屋面□　坡屋面□　　　其他屋面（请注明）：_____ 2.结构层材料： 3.结构层材料厚度（mm）： 4.保温层材料： 5.保温层材料厚度（mm）：
供暖通风与空调系统	1.冷热源类型及配置：　　　　　2.系统形式： 3.铭牌参数：　　　　　使用年限： 4.全年供热量、供冷量： 5.供暖（供冷）面积（m²）：　　　实际供暖（供冷）期： 6.系统运行记录及近1年能源消耗量：A.有□；　B.无□ 7.分室（分户）控制及计量装置安装情况：A.有，正常使用□；B.有，故障或未使用□； 　C.无□ 8.水力平衡装置安装情况：A.有，正常使用□；B.有，故障或未使用□；C.无□ 9.管网的保温（保冷）、防腐情况：A.有，完好□；B.有，损坏□；C.无□ 10.空气过滤器的积尘情况：A.有□；　　B.无□ 11.室内热环境的主观评价：A.满意□；　　B.一般□；　　C.不满意□ 12.设备（系统）故障及质量问题：

供配电与照明系统	1. 仪表、电动机、电器、变压器等设备状况： 2. 供配电系统容量：　　　　　　结构： 3. 用电分项计量：A. 有□；　　　　B. 无□ 4. 灯具类型及控制方式： 5. 供配电系统故障及质量问题：
供水系统	1. 供水系统形式：　　　供水压力：　　　系统组成：　　　设备配置： 2. 系统运行记录及近1年的用水量/账单：A. 有□；　　B. 无□ 3. 热水制备形式：　　　供应量：　　　供应时间： 4. 用水量：　　　　　　　　　计量方式： 5. 用水器具的完好程度：A. 完好，正常使用□；　　B. 轻微损坏，可以使用□； 　　　　　　　　　　C. 重度损坏，无法使用□ 6. 热水管道和设备的保温情况：A. 有，完好□；　　B. 有，损坏□；　　C. 无□ 7. 水系统运行状况及运行策略：A. 有□；　　B. 无□ 8. 水系统"跑冒滴漏"质量问题：
监测与控制系统	1. 供暖通风与空气调节系统：A. 有，且正常使用□；　　B. 有，故障或未使用□； 　　　　　　　　　　C. 无□ 2. 供配电与照明系统：A. 有，且正常使用□；　　B. 有，故障或未使用□； 　　　　　　　　　　C. 无□ 3. 供水系统：A. 有，且正常使用□；　　B. 有，故障或未使用□；　　C. 无□
可再生能源利用	1. 太阳能热水系统应用情况： 2. 太阳能光伏发电系统应用情况： 3. 地源热泵应用情况： 4. 其他：

附表 B　既有公共建筑能效提升实施量核查表

项目名称		项目地址	
总建筑面积(m²)		改造建筑面积(m²)	
设计单位		施工单位	
项目单位		联系人/联系方式	

改造部位/系统	A.外墙□　B.外窗□　C.外门□　D.屋面□　E.供暖通风与空气调节系统□ F.供配电与照明系统□　G.节水系统□　H.监测与控制系统□ I.可再生能源利用□
外墙	1.保温系统: 2.各构造层材料及厚度: 3.保温层材料的导热系数(W/(m·K)):　　　　蓄热系数(W/(m²·K)): 　热惰性指标: 4.实施量(m²):
外窗	1.改造方式:拆除旧窗,安装新窗□　　　　　　不拆除旧窗,加装一层窗□ 　　　　　原窗玻璃上贴膜或镀膜□　　　　调节百叶遮阳或遮阳卷帘□ 　　　　　采取合理的保温密封构造□ 2.改造所用型材及玻璃: 3.外窗的传热系数(W/(m²·K)):　　　　综合遮阳系数: 4.改造数量(包括外窗尺寸、樘数及所在朝向):
外门	1.改造方式:设门斗或热空气幕□　　　　设置耐久性和弹性好的密封条□ 　　　　设置闭门装置,或设置旋转门、电子感应式自动门等□ 2.改造数量及面积:
屋面	1.各构造层材料及厚度: 2.保温层材料的导热系数(W/(m·K)):　　　　蓄热系数(W/(m²·K)): 　热惰性指标: 3.实施量(m²):

供暖通风与空调系统	1. 改造部位及内容： 2. 改造后测试结果： 3. 其他：
供配电与照明系统	1. 改造部位及内容： 2. 改造后测试结果： 3. 其他：
供水系统	1. 改造部位及内容： 2. 改造后测试结果： 3. 其他：
监测与控制系统	1. 改造部位及内容： 2. 改造后测试结果： 3. 其他：
可再生能源利用	1. 改造部位及内容： 2. 改造后测试结果： 3. 其他：

注:1. 本表中所涉及的单位名称须使用全称；

2. 进行现场核查时应收集齐全相关资料。

附表 C 能耗折算系数

终端能源	标准煤折算系数
电力(等价值)	按当年火电发电标准煤耗计算 (单位:kgce/kWh)
天然气	1.299 71 kgce/m³
人工煤气	0.542 86 kgce/m³
汽油、煤油	1.471 4 kgce/kg
柴油	1.457 1 kgce/m³
原煤	0.714 3 kgce/kg
标准煤	1.000 kgce/kgce
市政热水(75 ℃/50 ℃)	100 kgce/t
市政蒸汽(0.4 MPa)	0.128 6 kgce/kg